Луна видна с разных широт

Peter D. Geldart

Питер Д. Гелдарт
Член RASC

Перевод с английского с помощью Google Translate

I0105647

Луна видна с разных широт
Peter D. Geldart
Питер Д. Гелдарт

Член RASC
geldartp@gmail.com

с. 3500 words.
42 pages
4" x 6"

Перевод с английского с помощью Google Translate

Обложка:
Полукруглая луна, восходящая над озером декабрьским
вечером (обратите внимание на лёд вдали). Вид на юго-
восток с координатами 45.4693 с.ш., 75.8106 з.д.
Фотография автора, ок. 1990 г.

Petra Books
MBO Coworking
78 George St., Suite 204
Ottawa ON K1N 5W1 Canada
613-294-2205

Частично опубликовано ранее в журнале British
Astronomical Association Journal, апрель 2025 г.
*Previously published, in part, in the British Astronomical
Association Journal, April 2025.*

Содержание

Аннотация

Высота Луны над горизонтом зависит от широты и угла между орбитой Луны и плоскостью экватора Земли (склонения). Приведена формула для расчета максимальной высоты. Луна, обитающая в тропиках, может быть видна только в зените в пределах максимум 28,5° северной и южной широты. Автор представляет карты высоты Луны, наблюдаемой с различных широт летом и зимой, и рассматривает верхние и нижние прохождения.

Geldart

Введение

Цель данной работы – осветить факторы, влияющие на видимый путь и высоту Луны при наблюдении с различных широт. Это одна и та же Луна в одной и той же фазе, видимая всем на ночной стороне Земли, независимо от их широты. Луну можно наблюдать и днём, например, бледную Луну на западном небе при восхождении Солнца на востоке или полную Луну, восходящую на востоке при заходе Солнца на западе.

На диаграммах на следующих страницах показаны кривые изменения высоты Луны, наблюдаемые с трёх низких и средних широт: 0° (экватор), 22° и 45°, и трёх высоких широт: 70°, 80° и 90° (полюс). Для справки, населённые пункты на этих широтах включают Рио-де-Жанейро и Сингапур (0°), Гонконг и Сан-Паулу (22° с.ш. и ю.ш.), Венецию и Квинстаун (45° с.ш. и ю.ш.), Инувик и Мурманск (70° с.ш.) и Алерт (80° с.ш.); единственное обитаемое место на полюсе — станция Амундсена-Скотта на Южном полюсе (90° ю.ш.).

Из-за вращения Земли на восток мы видим, как Луна восходит на востоке, проходит по диску Солнца (если смотреть в сторону экватора) и заходит на западе..[1] Как и в случае с Солнцем, планетами и звёздами, движение Луны на запад иллюзорно: это наблюдатель увлекается на восток вращением Земли. Кажущееся движение Луны на запад несколько медленнее движения звёзд на заднем плане из-за её собственной восточной орбиты.[2]

Я использовал данные JPL Horizons от NASA.[3] с долготой по Гринвичу (0°), всемирным временем (UT) и годом выборки 2030.

---

1 Транзит (транзиция) — это явление, когда небесное тело пересекает меридиан наблюдателя — воображаемую линию, проходящую от одного полюса к другому через зенит наблюдателя прямо над ним. Термины «восход, транзит, заход» (RTS) — это искусственные обозначения эффекта вращения Земли. Смотрите покадровую съёмку Арье Ниренберга по ссылке https://youtu.be/1zJ9FnQXmJl

2 Орбита Луны на востоке «составляет в среднем 3681 километр в час... что соответствует средней угловой скорости на небесной сфере около 33' [угловых минут] в час... [по совпадению] её видимый диаметр». The Moon, Our Nearest Celestial Neighbour. Zdeněk Kopal, p6, Chapman and Hall, London, 1960.

3 Сервис данных NASA JPL Horizons по адресу https://ssd.jpl.nasa.gov/horizons/

Другие интересные сайты:
- Сервис данных Военно-морской обсерватории США по адресу https://aa.usno.navy.mil
- Время и дата по адресу https://www.timeanddate.com/moon/

Методология

Я начал это исследование, заинтригованный тем фактом, что скорость вращения точки на поверхности Земли на восток уменьшается с увеличением широты, и небесная сфера кажется движущейся медленнее к западу, пока, если смотреть с полюса, звёзды не станут околополярными. Луна, чья орбита прямая, кажется смещающейся на восток относительно звёзд на фоне земного шара на 13,2° в сутки.[4]. Моя гипотеза заключалась в том, что видимое движение Луны на запад должно уменьшаться с увеличением широты, а вблизи полюса и на нём должно наблюдаться её движение на восток по истинной орбите.

Детально изучив эфемериды Луны в JPL Horizons (прямое восхождение, азимут, местный видимый угловой час, движение неба), я не смог найти фактор, уменьшающийся с увеличением широты наблюдателя.

---

4 https://public.nrao.edu/ask/variability-of-the-moons-apparent-motion-through-the-sky/

Однако в высоких широтах Луна остаётся над горизонтом в течение нескольких дней, и это, должно быть, связано с меньшей длиной окружности и меньшей скоростью вращения. Я также обнаружил несколько дат в выбранном году (2030), когда при 90° Луна восходила по западному азимуту и заходила на восточном. Однако было много, казалось бы, случайных значений азимута восхода и захода.

Jeff C.: Джефф С., разработчик эфемерид Sunmooncalc, который также обратил мое внимание на уравнение (1), а также на ссылки на Даффета-Смита и Миуса, посоветовал:

Jeff C.: "...относительные вклады [5] не меняются с широтой. На полюсах линейная скорость равна нулю, а направление практически не имеет значения. ... На крайних широтах восход и заход определяются в основном изменениями склонения, поэтому азимут кажется несколько случайным. ... Скорость изменения зависит как от склонения, так и от широты, и не существует простой формулы, подобной той, что используется для расчёта максимальной высоты.

— Jeff C. Электронная переписка Джеффа К., 2025 г.

Относительно видимого движения Луны, наблюдаемого с разных широт, Джон Г. из JPL Horizons сказал:

---

5 Jeff C.: «Звёздные сутки составляют 23 ч 56 мин 4 с... поэтому угловая скорость Земли равна $\omega E = 360°/23{,}934444$ ч $= 15{,}041085°$/ч. Луна совершает один оборот за звёздный месяц, поэтому её угловая скорость составляет $\omega M = 360°/27{,}321661$ сут $= 0{,}54901494°$/ч. Поскольку орбита Луны прямая, угловая скорость Луны относительно наблюдателя на Земле равна $\omega E - \omega M = 15{,}041085°$/ч $- 0{,}54901494°$/ч $= 14{,}49207°$/ч. Таким образом, 96,3% движения обусловлено вращением Земли». — Джефф К., переписка по электронной почте, 2025 г.

Jon G.: «Азимут и высота — это локальные координаты, переносимые вращением Земли, основанные на местном зенитном направлении и плоскости, перпендикулярной ему. ...установить Луну (301) в качестве цели, запросить вывод величины №2 (прямое восхождение и склонение), №3 (скорости прямого восхождения и склонения), №4 (углы азимута и угла места), №5 (скорости азимута и угла места) и/или №47 (движение неба).

- Jon G. Джон Г., электронная переписка, 2025 г.

Мне не удалось показать, что истинная орбита Луны начинает открываться наблюдателям по мере увеличения их широты. Возможно, ответ дадут реальные наблюдения на этих высоких широтах для определения времени движения Луны, а не расчетные таблицы данных.

Для остальной части эссе было просто построить графики в Microsoft Excel, используя данные JPL Horizons, показывающие видимую высоту Луны зимой и летом, наблюдаемую с шести выбранных широт.

Система координат

Подобно древним, мы можем представить себе небесный купол с точками света наверху. На него проецируются линии долготы и широты Земли.

Системы координат помогают понять взаимодействие Земли и Луны. Связь. Даффетт-Смит:

«Чтобы определить положение любого астрономического объекта, нам необходима система отсчёта, или система координат, которая сопоставляет каждой точке на небе свою пару чисел. Эти два числа, или координаты, обычно указывают на «насколько далеко вокруг» и «насколько далеко вверх», так же, как долгота и широта объекта на поверхности Земли. Существуют… система горизонта, экваториальная система, эклиптическая система и галактическая система».[6]

Продольная линия, проходящая от одного полюса к другому, проходящая через зенит непосредственно над ним, называется

---

6 *Practical Astronomy with your Calculator*. Peter Duffett-Smith. Cambridge University Press, 2nd ed. 1981.

меридианом наблюдателя. При вращении Земли небесное тело кажется движущимся с востока на запад через меридиан наблюдателя, находясь при этом на самой высокой высоте. Это его верхнее прохождение. Двенадцать часов спустя, когда Земля вращается и перемещает наблюдателя на «другую сторону», оно снова пересекает меридиан при своём нижнем прохождении, вероятно, под вашим горизонтом, если только в высоких широтах, глядя в сторону полюса, вы не видите его околополярным, оставаясь над вашим горизонтом.

Можно вывести формулу для вычисления высоты Луны. Максимальная высота Луны, hmax, рассчитывается через её склонение (δ) и широту наблюдателя (ϕ) следующим образом:[7]

$$h_{max} = 90° - |\delta - \phi| \qquad \text{(Уравнение 1)}$$

---

7 Также смотрите: Krisciunas K. et al. *The first three rungs of the cosmological distance ladder*, Am. J. Phys., 80(5), p. 430 (2012). https://scispace.com/pdf/the-first-three-rungs-of-the-cosmological-distance-ladder-1zeg8nff9i.pdf

Обратите внимание, что значения высоты и склонения, полученные с помощью JPL Horizons, являются топоцентрическими (наблюдатель находится на поверхности Земли):

«Для объектов Солнечной системы… параллакс — это разница в направлении между топоцентрическим наблюдением (реальным наблюдателем на поверхности Земли) и гипотетическим геоцентрическим наблюдением [наблюдателем в центре Земли]».[8]

8 Meeus J., *Astronomical Algorithms*, 2nd ed., Willmann-Bell Inc., Richmond, Virginia, 1988, p. 412.

1	2	3	4
Observer latitude on the Earth (deg)	Earth circumference (km)	Observer on the Earth's surface: linear speed of eastward rotation (km/hr) $2\pi R \times \cos(lat) /24$ hr	Moon above the horizon when on the night side of Earth (hrs)
0° (equator)	40,000 km	1670 km/hr	12 hrs
22°	37,000	1550	6-12 hrs
45°	28,000	1200	6-12 hrs
70°	14,000	570	Various hrs and one 6-day period /month
80°	7,000	290	Various hrs and one 11-day period /month
90° (poles)	0	0	One 14-day period /month. (half a month)

Таблица 1. Изменение коэффициентов, обусловленное вращением Земли на восток.
Источники: https://www.vcalc.com/wiki/MichaelBartmess/Rotational-Speed-at-Latitude.
Сервис данных NASA JPL Horizons по адресу httos://ssd.iol.nasa.aov/horizons/.

Вращение Земли

Солнце, Луна, планеты и небесная сфера в целом кажутся движущимися с востока на запад из-за вращения Земли на восток. Общеизвестно, что Луна и Солнце восходят и заходят быстрее и более перпендикулярно горизонту на экваторе, чем на других широтах. Кроме того, скорость движения к востоку от наблюдателя на поверхности Земли замедляется с увеличением широты, поскольку длина окружности, которую необходимо пройти за 24 часа, уменьшается. С увеличением широты Солнце и Луна восходят и заходят под углом к горизонту и требуют больше времени для этого. Выше 70° Луна задерживается над горизонтом на несколько дней, поскольку в Северном полушарии она видна с юга (верхнее прохождение), и продолжает оставаться над горизонтом, пока наблюдатель вращается вокруг полюса, видя Луну над полюсом к северу при нижнем прохождении.

В таблице 1 (слева) многодневные периоды в столбце 4 на трёх высоких широтах должны быть связаны с уменьшением скорости вращения (столбец 3). Напомним, что летом в высоких широтах Солнце постоянно находится над горизонтом (полуночное солнце), поэтому видимость Луны может быть ослаблена.

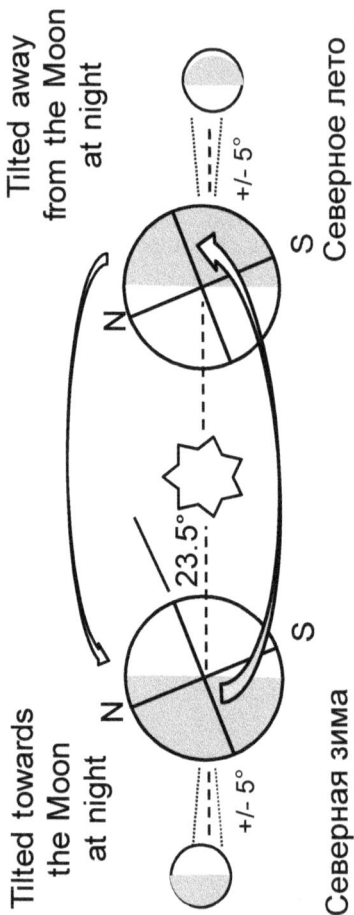

Diagram A. The Earth-Moon system's orbit around the Sun showing the northern hemisphere winter (L) and summer (R) Author's diagram, not to scale.

Tilted away from the Moon at night

Tilted towards the Moon at night

+/- 5°

+/- 5°

23.5°

N

S

N

S

Северное лето

Северная зима

Наклон Земли

Как показано на диаграмме А, земная ось наклонена на 23,5°, так что зимой в северном полушарии (L) северное полушарие наклонено в сторону от Солнца. Шесть месяцев спустя северное полушарие наклонено к Солнцу, что обеспечивает лето в северном полушарии (R).[9]

Поскольку, как показано, Солнце и полная Луна по определению находятся друг напротив друга, когда склонение Солнца минимально зимой в северном полушарии (L), склонение полной Луны должно быть максимальным, и наоборот летом в северном полушарии (R). Соответственно, максимальная высота полной Луны зимой больше, чем летом.

Также показано изменение наклона орбиты Луны к эклиптике примерно на 5°.

---

9 Наклон оси Земли, составляющий 23,5°, постоянен на протяжении всей её орбиты и изменяется всего на несколько градусов примерно за 26 000 лет, поскольку ориентация её оси медленно вращается, или прецессирует, подобно волчку. См. https://space-geodesy.nasa.gov/multimedia/videos/EarthOrientationAnimations/EOAnimations.html

Тропики

Поскольку наклон земной оси означает, что экватор наклонён примерно на 23,5° к её орбите вокруг Солнца, эклиптика, область, в которой Солнце может находиться в зените (склонение), простирается от 23,5° с.ш. до ю.ш. Эта область называется тропиками (от греческого tropikós, что означает «поворот») и ограничена тропиком Рака (23,5° с.ш.) и тропиком Козерога (23,5° ю.ш.).

На Луне также есть лунные тропики, но они меняются из-за наклона лунной орбиты к эклиптике на 5°, который в результате прецессии[10] Орбита находится в диапазоне от 18,5° до макс. 28,5° широты СШ: выше 28,5° с.ш. в северном полушарии Луна видна во время полуночного прохождения (пересечения вашего меридиана) на юг, а на широтах свыше 28,5° в южном полушарии она видна во время прохождения на север. Луна может находиться в зените

---

10 Орбита Луны прецессирует (вращается) в течение 18,6-летнего цикла, и наклон орбиты Луны в 5° либо прибавляется, либо вычитается из наклона орбиты Земли в 23,5° в течение этого цикла, так что наклон Луны к экватору Земли колеблется между примерно 18,5° и 28,5° широты с севера на юг.

наблюдателя только тогда, когда её склонение и широта наблюдателя равны, то есть это происходит только до макс. 28,5° широты СШ.

Орбита Луны наклонена к экваториальной плоскости Земли (по определению ваш горизонт параллелен экватору), поэтому Луна движется выше и ниже этой плоскости в течение лунного месяца. Из-за этого угол Луны с экватором — её склонение — меняется в течение месяца. Жан Меус:

«Плоскость орбиты Луны образует с плоскостью эклиптики угол в 5°. Следовательно, на небе Луна движется приблизительно вдоль эклиптики и в течение каждого оборота (27 дней) достигает наибольшего северного склонения… а через две недели — наибольшего южного. Поскольку лунная орбита образует с эклиптикой угол в 5°, а эклиптика — угол в 23° с небесным экватором, крайние склонения Луны находятся приблизительно между 18° и 28° (северным или южным)».[11]

---

11 *Astronomical Algorithms*. 2nd ed. Jean Meeus. Willmann-Bell, 1998. *Обратите внимание, что он округлил*

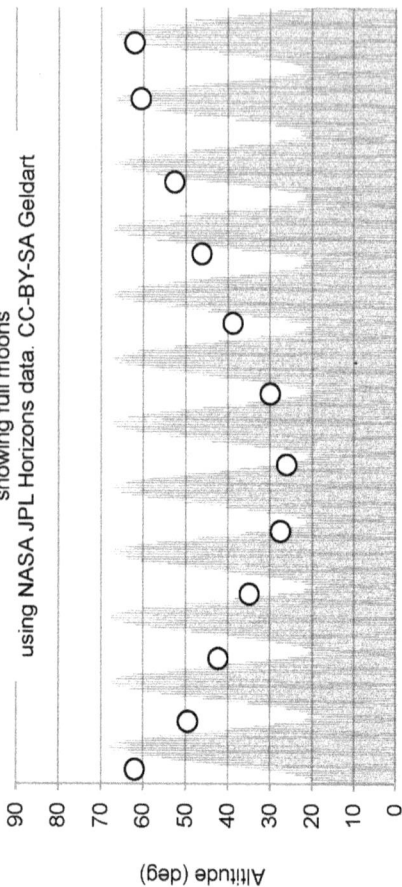

Diagram B. The Moon as seen from 45° N, 0°
showing full moons
using NASA JPL Horizons data. CC-BY-SA Geldart

Лунные месяцы 2030 года

Altitude (deg)

Лунные месяцы

График высоты Луны, видимый с 45° северной широты и 0° долготы, на весь 2030 год показывает затенённые волны сидерических лунных месяцев продолжительностью около 29,5 дней, которые одинаковы в течение всего года без сезонных изменений (диаграмма В). Орбита Луны не зависит от наших времён года, наших месяцев, нашего суточного цикла день-ночь и её собственной фазы.[12], и, если уж на то пошло, солнцестояния и равноденствия Солнца. Полнолуния (когда Луна находится напротив Солнца, более или менее прямо за Землёй) обозначены, и они ниже летом и выше зимой из-за практически

---

12 Сама Луна всегда полностью освещена со своей солнечной стороны на протяжении всей своей орбиты (если только она случайно не попадает в земную тень), и только с Земли мы видим обращенную к нам сторону, постепенно освещаемую в разных фазах. Выпуклая кривая освещенной части обращена к Солнцу, которое, конечно же, находится за горизонтом ночью. Днем мы можем видеть бледную Луну (все еще находящуюся на ночной стороне Земли) с Солнцем в противоположной части «купола неба». Фазы Луны не связаны с ее видимым путем и высотой. Это всего лишь артефакт освещения, наблюдаемого нами с Земли.

постоянного наклона Земли на её орбите (диаграмма А).

В качестве примера, 2030 год находится примерно в середине прецессии орбиты Луны, которая длится 18,6 лет, и её высота изменяется на 5° за этот период. Заштрихованные кривые будут примерно на 5° меньше во время малой остановки Луны в 2015 году и примерно на 5° больше во время большой остановки Луны в 2043 году. Когда Луна находится в минимальном (18,5°) и максимальном (28,5°) склонениях, это называется остановкой, потому что Луна восходит примерно в одной и той же точке на горизонте в течение нескольких ночей. Это можно назвать лунистикой (сравните солнцестояние, когда Солнце находится в тропике Рака на 23,5° с.ш. или в тропике Козерога на 23,5° ю.ш.).

Вид Луны с низких и средних широт

На следующих графиках 1 и 2 показано, что в эти дни высота полной Луны уменьшается с увеличением широты наблюдателя (0°→22°→45°), и зимой она видна выше, чем летом.

На широтах ниже примерно 70° Луна восходит, проходит и заходит, а её последующее прохождение ниже горизонта через 12 часов не видно.

1. Full moon as seen from low latitudes in summer

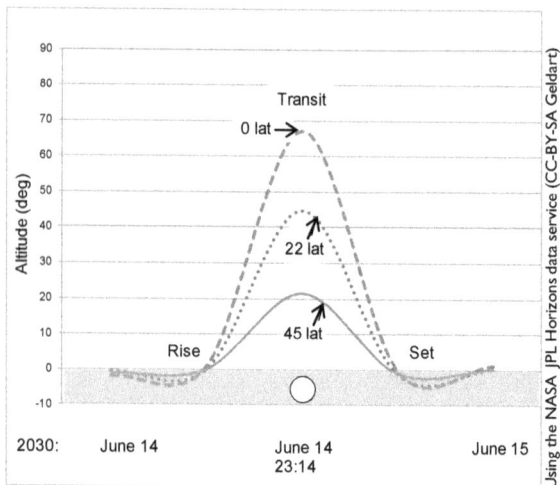

Обратите внимание, что полная Луна проходит через меридиан наблюдателя (направление к экватору, то есть примерно на юг для тех, кто находится в Северном полушарии, и на север для тех, кто находится в Южном полушарии) около полуночи 14 июня, а через полмесяца новая Луна (не освещенная с нашей стороны) проходит через меридиан около полудня, но вид затмевается солнечным светом (если только Луна случайно не пройдет перед Солнцем, вызывая солнечное затмение).

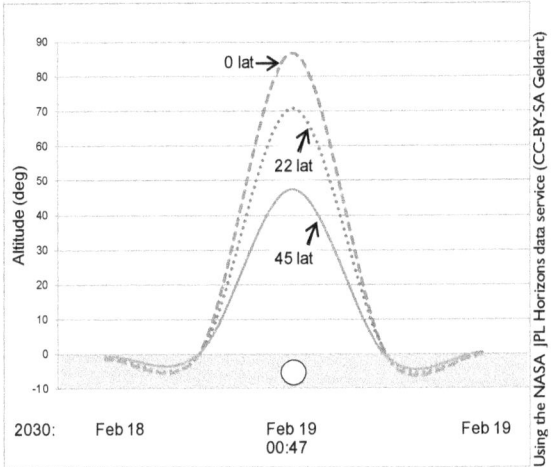

2. Full moon as seen from low latitudes in winter

На диаграмме 2 показано, что кривые высоты Луны в феврале 2030 года выше, чем в июне (диаграмма 1)..

3. Full moon as seen from low latitudes in winter

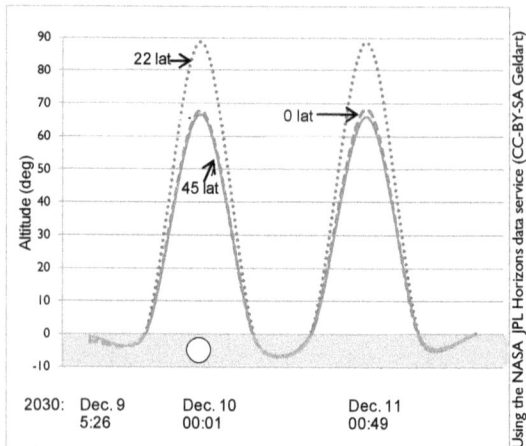

Луну можно увидеть в зените не только с экватора, но и с других широт, вплоть до максимальной широты 28,5° с.ш. или 28,5° ю.ш.

На диаграмме 3 для декабря 2030 года полная Луна видна выше на широте 22°, чем на экваторе (0°), чего не наблюдалось в феврале, когда она была выше на широте 0° (диаграмма 2). Вид с широт 0° и 45° примерно одинаков, но в Северном полушарии с широты 0° Луна видна на севере, а с широты 45° — на юге..

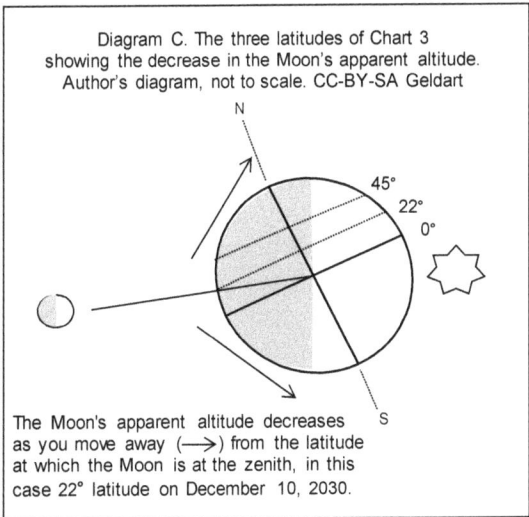

Diagram C. The three latitudes of Chart 3 showing the decrease in the Moon's apparent altitude. Author's diagram, not to scale. CC-BY-SA Geldart

The Moon's apparent altitude decreases as you move away (⟶) from the latitude at which the Moon is at the zenith, in this case 22° latitude on December 10, 2030.

В поддержку диаграммы 3, диаграмма С графически показывает, что видимая высота Луны при наблюдении с 22° северной широты выше, чем с 0° (экватор): максимальная высота Луны находится вблизи зенита.

Это можно объяснить с помощью уравнения 1:

Полнолуние, наблюдаемое 10 декабря 2030 года (диаграмма 3)

0° широты: hmax = 90° - | 21° - 0°| = 69°
22° широты: hmax = 90° - | 21° - 22°| = 89° (в зените)
45° широты: hmax = 90° - | 21° - 45°| = 66°

Другой способ рассмотреть это — отметить, что в эту дату, если смотреть с экватора, Луна видна на севере, с 22° с. ш. она видна прямо над головой (приблизительно в зените), а с 45° с. ш. она видна на юге. Когда широта наблюдателя (45°) больше склонения Луны (примерно 21°), прохождение Луны происходит на юге; когда широта наблюдателя (0°) меньше, прохождение происходит на севере. Поскольку Луна находится в зените, если смотреть с 22° с. ш., все наблюдатели севернее этого видят Луну на юге, в то время как те, кто южнее, видят её на севере.

Geldart

Ссылки

Feynman, R. Фейнман, Р. (1963). Фейнмановские лекции по физике 1961–1963 гг. Т. I 26–3, 32–2, 32–4; Т. III 1–1, 32–2. Майкл А. Готтлиб и Рудольф Пфайффер (ред.). Пасадена: Калифорнийский технологический институт. https://www.feynmanlectures.caltech.edu

Feynman, R. Фейнман, Р. (1979). Лекции памяти Дугласа Робба, Оклендский университет, Новая Зеландия. http://www.vega.org.uk/video/subseries/8

Polkinghorne, J. Полкингхорн, Дж. (2002) Квантовая теория: очень краткое введение. (стр. 11–13). Оксфорд: Издательство Оксфордского университета. https://en.wikipedia.org/wiki/John_Polkinghorne

Steinhardt, P Стайнхардт, П. (2004) 10. Свет и квантовая физика (стр. 13). Принстонский университет, физический факультет. https://phy.princeton.edu/people/paul-j-steinhardt

Stetz, A.W Стетц, А.В. (2007) Очень краткое введение в квантовую теорию поля. (стр. 5). https://sites.science.oregonstate.edu/~stetza/COURSES/ph654/ShortBook.pdf#page=5

Луна, вид с высоких широт

В центральной области следующей диаграммы 4 (лето) в середине июня ясно видно, что с 70° широты полная Луна едва видна на горизонте. [13] а с 80° и 90° широты оно зашло.

---

13 Что касается Луны вблизи горизонта, рефракция (преломление света в атмосфере, в результате чего небесные объекты кажутся выше) учитывается службой данных NASA JPL Horizons. Однако возвышенности или облака у местного горизонта, которые могут затмевать низкую Луну, не учитываются. Кроме того, высота наблюдателя над землёй считается равной нулю, как если бы он смотрел на обширную водную поверхность или ровную местность.

4. Moon as seen from high latitudes in summer.

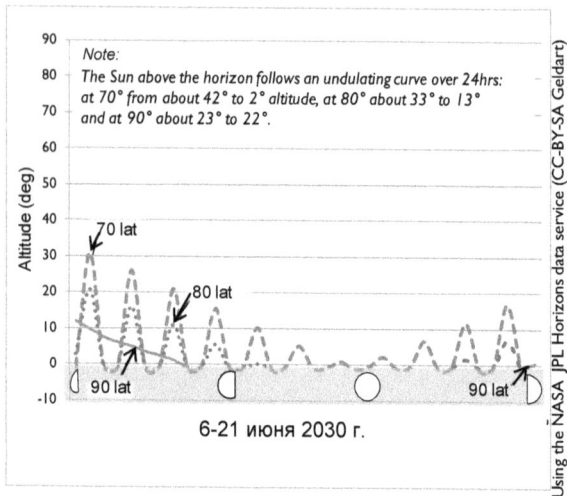

Note:
The Sun above the horizon follows an undulating curve over 24hrs: at 70° from about 42° to 2° altitude, at 80° about 33° to 13° and at 90° about 23° to 22°.

6-21 июня 2030 г.

Летом выше 70° широты Солнце начинает оставаться над горизонтом в течение продолжительных периодов времени (полночное солнце), причем эта продолжительность увеличивается с широтой наблюдателя.

5. Moon as seen from high latitudes in winter.

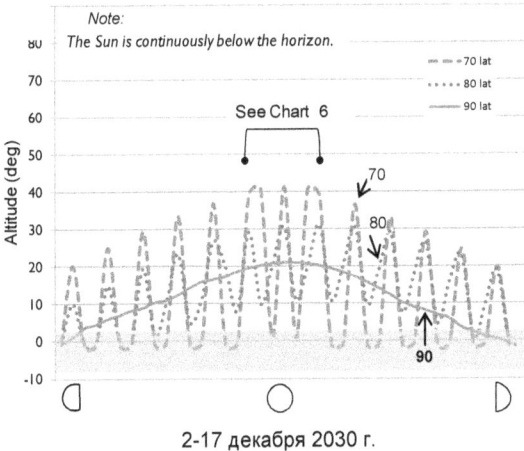

Note:
The Sun is continuously below the horizon.

– – – 70 lat
· · · · · 80 lat
—— 90 lat

See Chart 6

70

80

90

Altitude (deg)

Using the NASA JPL Horizons data service (CC-BY-SA Geldart)

2-17 декабря 2030 г.

На диаграмме 5 зимой волнообразные кривые движения Луны выше, чем на диаграмме 4 летом, из-за практически фиксированного наклона земной оси (диаграмма А). Существуют верхние прохождения, когда Луна достигает максимальной высоты и пересекает меридиан наблюдателя, а затем нижние прохождения 12 часов спустя, когда она ещё не зашла и снова пересекает меридиан. Обратите внимание, что кривая для широты 90° довольно однородна, поскольку верхние и нижние прохождения примерно одинаковы.

Таким образом, Луна находится над горизонтом и на низкой высоте в течение длительного периода, когда она находится на ночной стороне Земли около половины месяца. Это справедливо для всех широт выше 70° зимой: она остаётся над горизонтом около шести дней на широте 70°, одиннадцати дней на широте 80° и четырнадцати дней (всю половину месяца) на широте 90°. Всё это время Луна движется волнообразно низко на небе. Что касается Солнца, то зимой выше 66° широты оно находится под горизонтом в течение все более длительных периодов времени по мере увеличения широты наблюдателя (полярная ночь).

6. Full moon as seen from high latitudes in winter (detail)

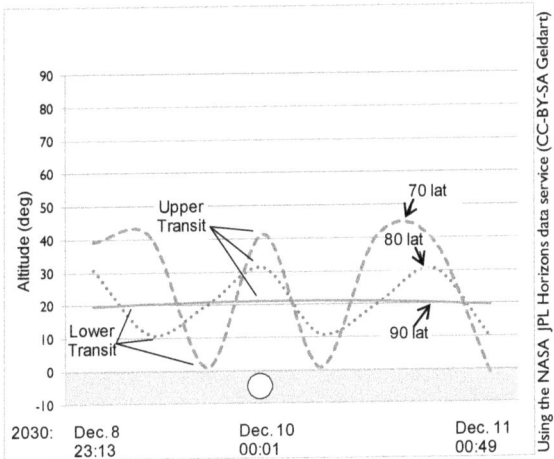

Увеличивая график 5, график 6 показывает высоту полной Луны в течение трёх дней декабря в высоких широтах. Сравните это с низкими широтами зимой, где кривые выше (график 2). В этих высоких широтах верхнее и нижнее прохождения происходят над горизонтом. В случае 90° линия очень плоская, поскольку оба прохождения происходят примерно на одной высоте (20°, 21°)..

В высоких широтах прохождения Луны через меридиан наблюдателя происходят так, что верхние прохождения наблюдаются с азимутом около 180° в сторону экватора, а 12 часов спустя, когда наблюдатель находится «по другую сторону» земной оси, нижние прохождения наблюдаются с азимутом около 0° над полюсом. См. Таблицу 2, где подробно описаны прохождения для 70°, 80° и 90° с.ш. (северное полушарие).

Примечания к Таблице 2

В поддержку Таблицы 6.

Az ‡ Для верхних прохождений в этих арктических широтах наблюдатели смотрят на юг с азимутом около 180°. Нижние прохождения наблюдаются на север, глядя на полюс с азимутом около 0°. Причина, по которой значения в столбце Az ‡ не всегда равны 0° и 180°, заключается в точности поминутных расчётов в таблицах эфемерид JPL Horizon.

*** В эти даты середины зимы Луна постоянно находится над горизонтом (без восхода и захода).

На широте 90° (полюс) оба прохождения Луны происходят примерно на одинаковой высоте (20° и 21°).

Значения высоты различаются на 5° в течение 18,6-летнего прецессионного цикла орбиты Луны. Например, верхнее значение прохождения 70°, равное «41», будет примерно на 5° меньше (в середине 30-х годов) во время малой остановки Луны в 2015 году и примерно на 5° больше (в середине 40-х годов) во время большой остановки Луны в 2043 году.

Table 2. Data for upper and lower transits of the Moon
as seen from high latitudes in winter.

Year: 2030

Latitude: N 70 °

Date	Rise Az.	Upper			Set Az.	Lower		
		Transit.	Alt.	Az ‡		Transit.	Alt.	Az ‡
	h m	°	h m	°	°	h m	°	°
Dec-08	***	23:07	41 South	182	***	10:43	1 North	1
Dec-09	***	23:55	41 South	181	***	11:31	1 North	1
Dec-10	***				***	12:20	1 North	0
Dec-11	***	00:44	41 South	182	***	13:08	0 North	0

Latitude: N 80 °

Date	Rise Az.	Upper			Set Az.	Lower		
		Transit.	Alt.	Az ‡		Transit.	Alt.	Az ‡
	h m	°	h m	°	°	h m	°	°
Dec-08	***	23:07	31 South	182	***	10:43	10 North	0
Dec-09	***	23:55	31 South	181	***	11:31	11 North	1
Dec-10	***				***	12:20	11 North	0
Dec-11	***	00:44	31 South	182	***	13:08	10 North	1

Latitude: N 90 °

Date	Rise Az.	Upper			Set Az.	Lower		
		Transit.	Alt.	Az ‡		Transit.	Alt.	Az ‡
	h m	°	h m	°	°	h m	°	°
Dec-08	***	23:07	21 South	181	***	10:43	20 North	2
Dec-09	***	23:55	21 South	180	***	11:31	21 North	1
Dec-10	***				***	12:20	21 North	2
Dec-11	***	00:44	21 South	180	***	13:08	20 North	1

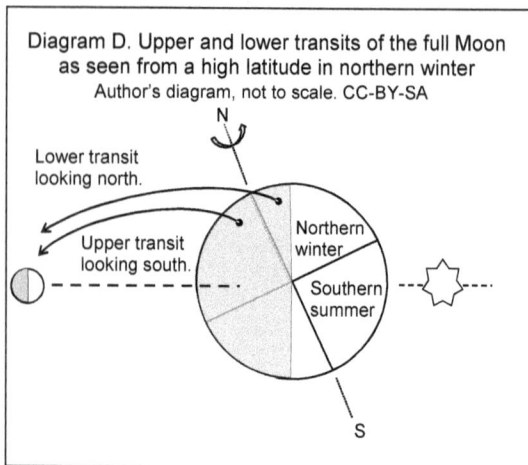

Diagram D. Upper and lower transits of the full Moon as seen from a high latitude in northern winter
Author's diagram, not to scale. CC-BY-SA

На диаграмме D изображены полнолуния, например, для человека, находящегося в Алерте, Канада, на широте 80°. Верхнее прохождение Луны происходит около полуночи, когда она пересекает меридиан наблюдателя над горизонтом под азимутом около 180° (в северном полушарии, смотрящем на юг). По мере вращения Земли, примерно через 12 часов, наблюдатель достигает «дневной» стороны (все еще в темноте) и видит нижнее прохождение на севере, глядя через полюс под азимутом около 0°.

Циркумполярное

В течение всего этого времени, а также в течение примерно 14 дней, когда Луна находится на ночной стороне, на широтах выше 70° она совершает волнообразные движения над горизонтом и является околополярной: 6 дней при наблюдении с широты 70°, 11 дней на широте 80° и полные 14 дней, полмесяца, на широте 90°. Летом в высоких широтах и Луна, и Солнце находятся около полюсов и никогда не заходят в течение длительного времени. Иногда Луна может быть слабо видна на более ярком небе.

Зимой в высоких широтах Луна находится около полюсов, а Солнце находится ниже горизонта.

Заключение

Орбита Луны зависит только от её пространственно-временного окружения, то есть от её собственной массы и гравитационного поля, переплетённых с массой Земли, Солнца и Солнечной системы в целом. На графиках видимая высота Луны описывается волнообразной кривой постоянной формы, следующей за лунными месяцами и охватывающей годы без учёта нашего суточного вращения, наших месяцев, наших времён года, солнечных солнцестояний и равноденствий, а также собственной фазы Луны. Однако её путь над нашим горизонтом меняется от ночи к ночи. Это происходит потому, что Луна вращается примерно в 5° от эклиптики, и, таким образом, её угол к северу или югу от экваториальной плоскости Земли (её склонение) меняется в течение лунного месяца. Это склонение вместе с широтой наблюдателя можно использовать для расчета высоты Луны, видимой из любой точки.

Два фактора помогают понять положение Луны. Во-первых, по мере удаления от тропической широты, где Луна находится в зените наблюдателя, она становится всё ниже на небе. Во-вторых, из-за (фиксированного) наклона земной оси полная Луна зимой (когда склонение Солнца минимально, а склонение Луны максимально) видна выше, чем летом, когда ситуация обратная: склонение Солнца максимально, а Луны минимально.

Наблюдатель должен понимать причины такого положения Луны и представлять себе, что видят люди на других широтах.

Geldart